有趣的製造

校園真奇妙

張金妙　縢意　著　　何月婷　繪

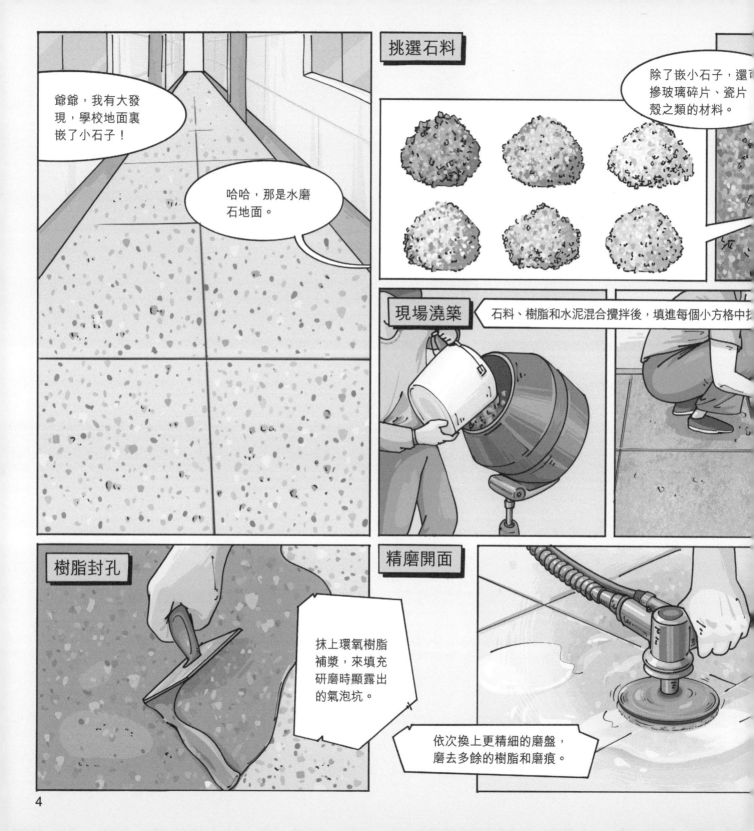

打分格條

給混凝土地面除塵清潔後，再用分格條將地面分割成塊。

水磨地面

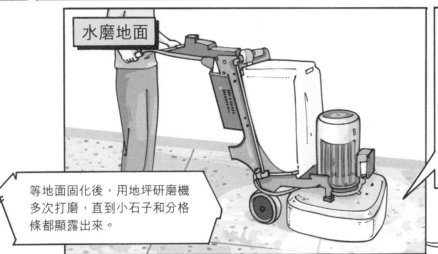

等地面固化後，用地坪研磨機多次打磨，直到小石子和分格條都顯露出來。

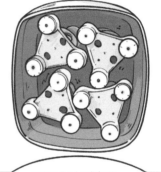

要用水沖刷磨盤，防止磨下的石漿影響打磨效果。

換上了□器？

是局部□，將地□理得更□。

水磨石地面在清潔後要上蠟拋光，這樣能光亮如鏡。

拋光磨盤

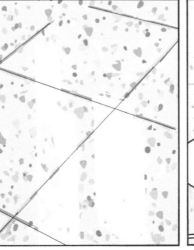

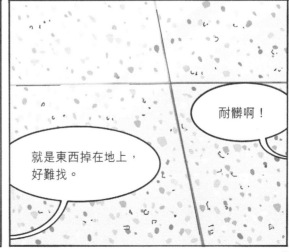

就是東西掉在地上，好難找。

耐髒啊！

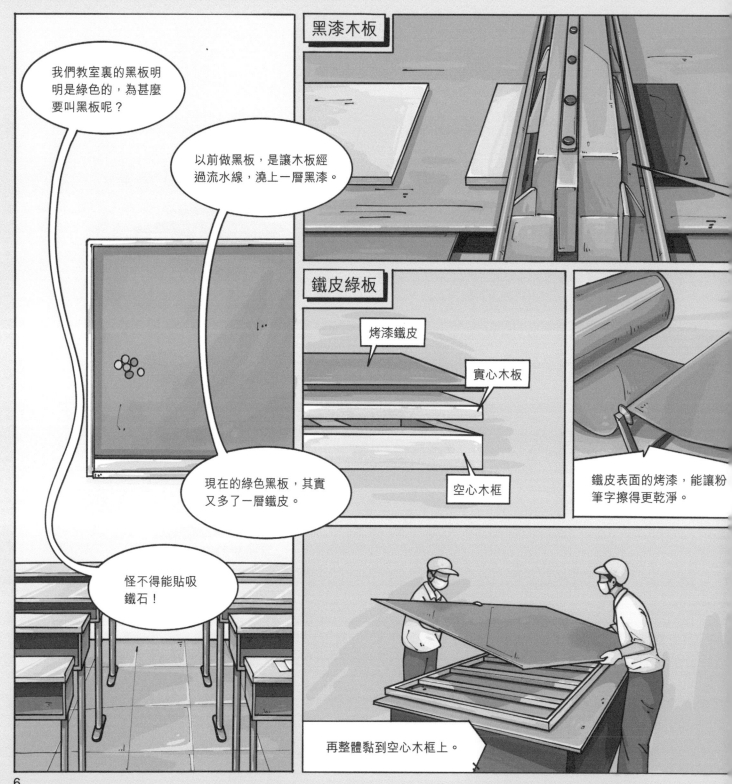

黑漆木板

鐵皮綠板

烤漆鐵皮

實心木板

空心木框

我們教室裏的黑板明明是綠色的,為甚麼要叫黑板呢?

以前做黑板,是讓木板經過流水線,澆上一層黑漆。

現在的綠色黑板,其實又多了一層鐵皮。

怪不得能貼吸鐵石!

鐵皮表面的烤漆,能讓粉筆字擦得更乾淨。

再整體黏到空心木框上。

黑漆

晾乾後就可以書寫了。

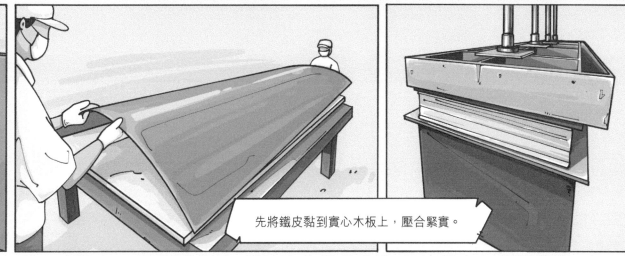

先將鐵皮黏到實心木板上，壓合緊實。

後給綠板周邊裝上
框，就可以出廠了。

爺爺，粉筆！我還想
知道它是怎麼做的。

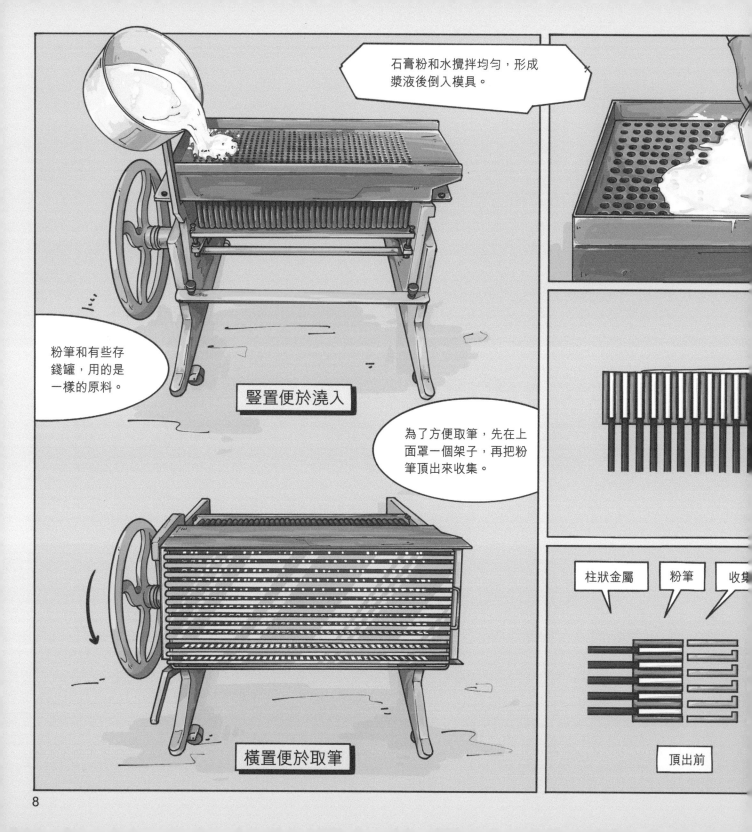

8

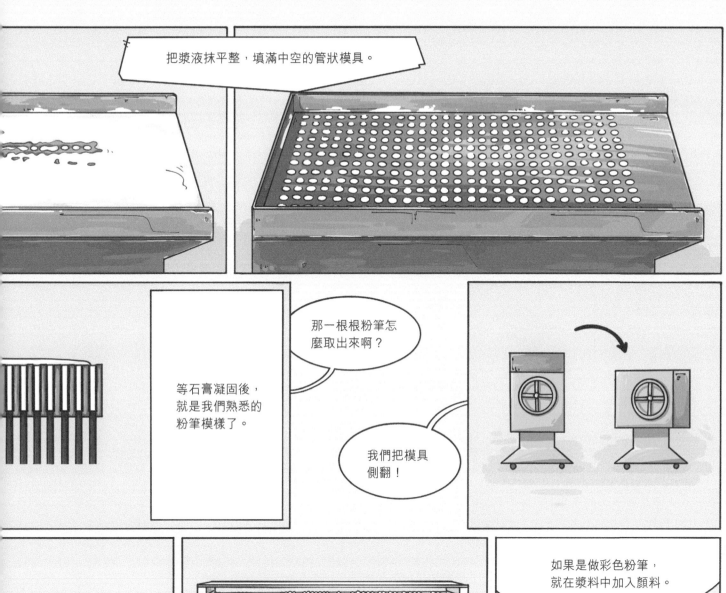

把漿液抹平整，填滿中空的管狀模具。

那一根根粉筆怎麼取出來啊？

等石膏凝固後，就是我們熟悉的粉筆模樣了。

我們把模具側翻！

如果是做彩色粉筆，就在漿料中加入顏料。

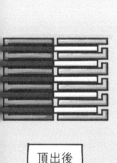

頂出後

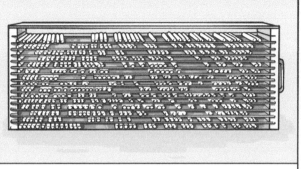

轉動側邊的轉輪將粉筆頂出，轉移到收集架中。

你知道鉛筆是怎麼做的嗎？

當然！我早就問過爺爺了。

製作鉛筆芯

石墨粉
黏土
水

其實鉛筆裏面沒有鉛，而是石墨。

木板開槽

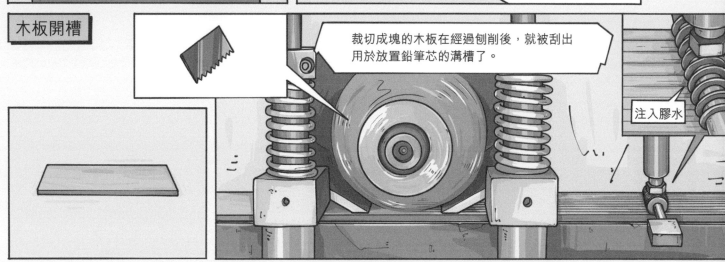

裁切成塊的木板在經過刨削後，就被刮出用於放置鉛筆芯的溝槽了。

注入膠水

壓緊烘乾

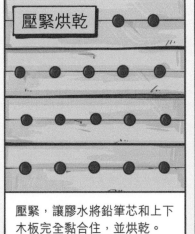

壓緊，讓膠水將鉛筆芯和上下木板完全黏合住，並烘乾。

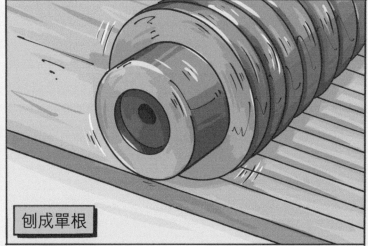

刨成單根

攪拌均勻的石墨漿濾出水份後，通過擠壓機製成鉛筆芯的半成品。

經過 800℃ 以上的高溫烘乾，黏土和石墨才定型成鉛筆芯。

放置筆芯

每個溝槽分配一根鉛筆芯，再蓋上木板。

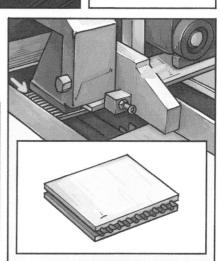

鉛筆上漆

鉛筆穿過油漆後，再晾乾就做好了。

哇！怪不得鉛筆會有接縫。

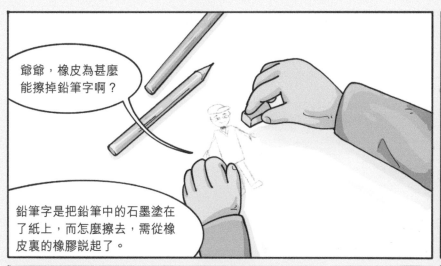

爺爺，橡皮為甚麼能擦掉鉛筆字啊？

鉛筆字是把鉛筆中的石墨塗在了紙上，而怎麼擦去，需從橡皮裏的橡膠説起了。

攪拌原料

橡膠　塑化劑
油　碳酸鈣
硫磺　顏料

在加熱原料的同時，將它們攪打成團。

將裁切成方形的橡膠混合原料裝入盒中，送入硫化機加熱加壓。

硫化處理

高溫下硫能促進橡膠的固化，讓橡皮更耐用。

磨圓邊角

橡皮在滾筒中進行邊角打磨時，還需加入滑石粉防止黏連。

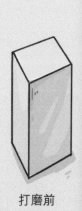

打磨前

碾壓成片

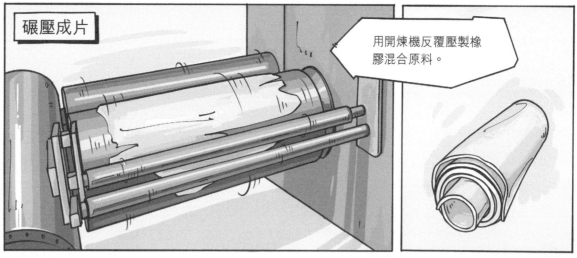

用開煉機反覆壓製橡膠混合原料。

把橡膠浸入冷水降溫，停止固化，從而達到合適的硬度。

切割成塊

現在切出來的小塊橡皮，邊角還是四四方方的。

印上圖文

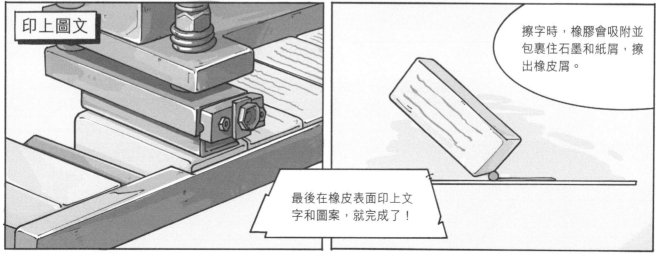

擦字時，橡膠會吸附並包裹住石墨和紙屑，擦出橡皮屑。

最後在橡皮表面印上文字和圖案，就完成了！

打磨後

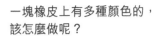

一塊橡皮上有多種顏色的，該怎麼做呢？

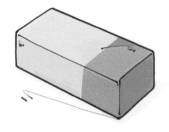

流程有些不一樣，還需請出一種特殊的模具！

粉碎顆粒

開煉過的片狀橡膠混合原料要被粉碎成小顆粒。

用水冷卻

共同擠出

不同顏色的橡膠漿體通過共擠模具，會在出口處匯合再擠出。

黃色橡膠小顆粒

橙色橡膠小顆粒

在擠出成型機裏，橡膠小顆粒會被加熱到可流動的狀態。

分別加熱

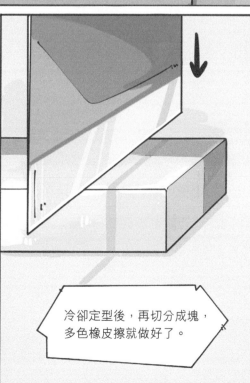

冷卻定型後，再切分成塊，多色橡皮擦就做好了。

你喜歡的動物橡皮，其實是用了更複雜的共擠模具。

爺爺，我好開心，你看！

今天開班會，老師獎勵我的！

哎，這粒糖有點兒像你呀！

是想讓我給你講講怎麼做吧？

煮糖漿

葡萄糖漿

白砂糖

水

把糖漿煮至黏稠，再加入色素和用來調味的濃縮果汁等。

揉糖

扯糖體

來回拉扯使空氣進入糖內，讓糖的表面更有光澤，口感更酥脆。

拼圖案

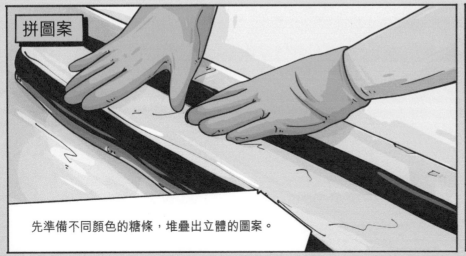

先準備不同顏色的糖條，堆疊出立體的圖案。

再包上一層糖體，揉搓圓潤。

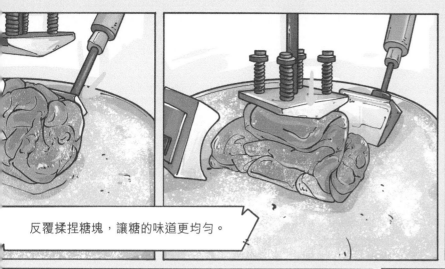
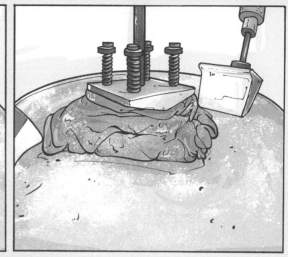

反覆揉捏糖塊，讓糖的味道更均勻。

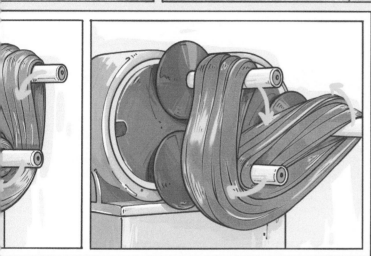

糖體為甚麼能滾長啊？

這兩根輥筒轉動方向一樣，但是轉速不一樣，就能搓着糖體變成長條了。

做糖條

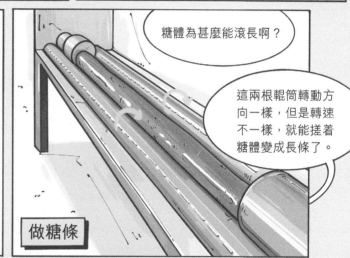

切塊

最後再搓成細條，切成小塊。

那為甚麼圖案不會變形啊？

在搓細的過程中，圖案比例縮小，所以就不太會看出變形了。

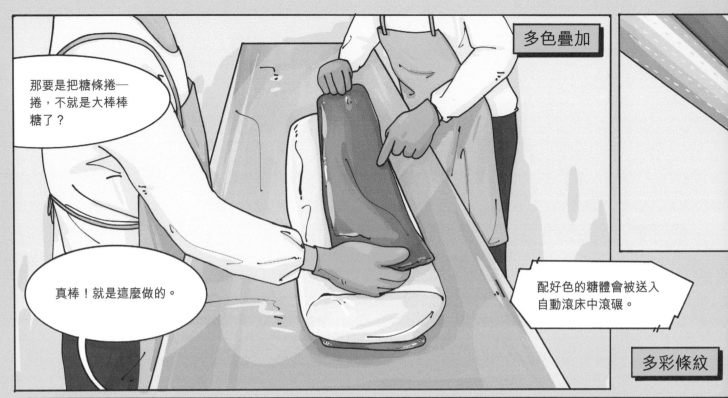

那要是把糖條捲一捲，不就是大棒棒糖了？

真棒！就是這麼做的。

多色疊加

配好色的糖體會被送入自動滾床中滾碾。

多彩條紋

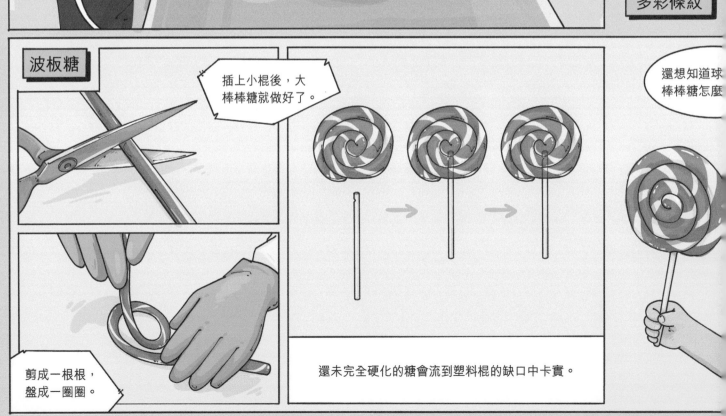

波板糖

插上小棍後，大棒棒糖就做好了。

還想知道球棒棒糖怎麼

剪成一根根，盤成一圈圈。

還未完全硬化的糖會流到塑料棍的缺口中卡實。

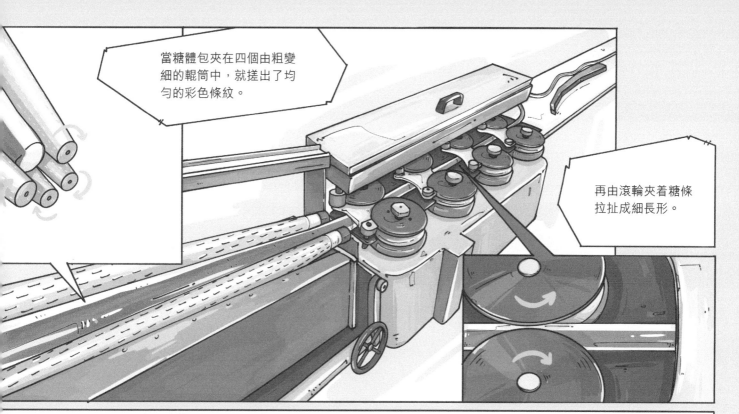

當糖體包夾在四個由粗變細的輥筒中，就搓出了均勻的彩色條紋。

再由滾輪夾着糖條拉扯成細長形。

球棒糖

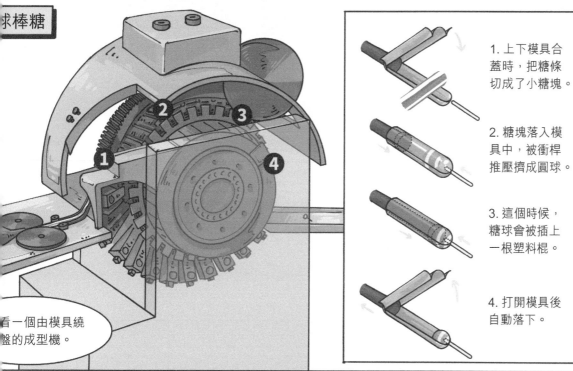

看一個由模具繞盤的成型機。

1. 上下模具合蓋時，把糖條切成了小糖塊。

2. 糖塊落入模具中，被衝桿推壓擠成圓球。

3. 這個時候，糖球會被插上一根塑料棍。

4. 打開模具後自動落下。

落下的球棒糖就可以去冷卻定型了。

爺爺，告訴你個秘密，操場上有些草是假的！

哈哈，那種是人造的塑料草呢。

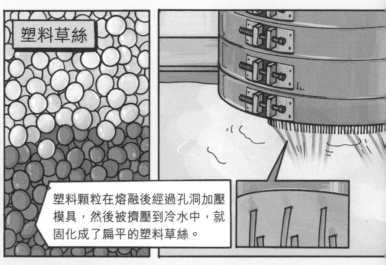

塑料草絲

塑料顆粒在熔融後經過孔洞加壓模具，然後被擠壓到冷水中，就固化成了扁平的塑料草絲。

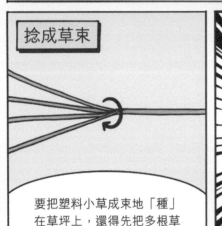

捻成草束

要把塑料小草成束地「種」在草坪上，還得先把多根草絲撚成一束。

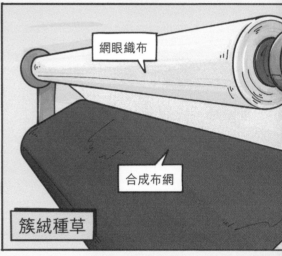

網眼織布

合成布網

簇絨種草

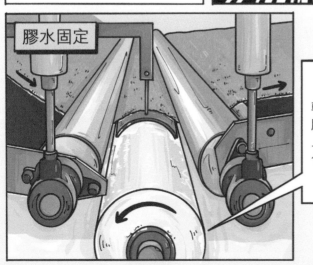

膠水固定

輥筒旋轉着把膠水刷到底網上，讓草根黏合牢固。

戳燙滲水孔

為了防止積水，還得用電烙鐵在烘乾後的人工草坪上做出滲水孔。

用成排的梳齒，把塑料草絲間隔開。

塑料草絲再經過一系列輥筒的拉扯，就變得更像小草了。

草束被排針帶着穿過底網，會被下方的鈎刀勾住。

兩層布料複合成底網後，用排針機批量「種草」。

當排針回到底網上，鈎刀順勢割開環狀的草束，就「栽」出了小草。

鈎刀

人工精修

精修合格的人工草坪，才能送去鋪操場。

哈哈，我今天摸的時候發現了這個秘密。

4 人工收集

3 滾成草卷

爺爺，有同學和我講，足球是兩層的！

對，外面是耐磨的皮革，裏面是氣囊內膽。

足球外層

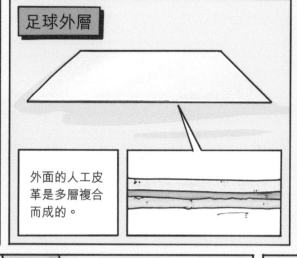

外面的人工皮革是多層複合而成的。

通過絲網印刷在皮革表面印圖案。

拼接縫製

將皮面朝內，沿着邊線縫合。

收口前，將皮面翻轉回來，裝入足球內膽。

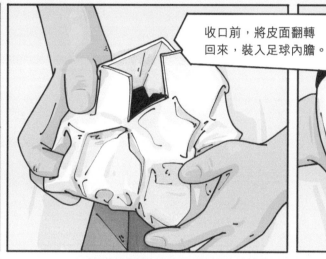

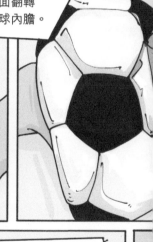

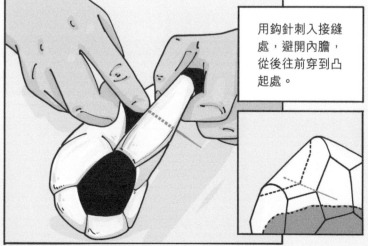

用鉤針刺入接縫處，避開內膽，從後往前穿到凸起處。

將凸起處的縫線繞到鉤針上，收回鉤針時就把凸起的拽到足球內。

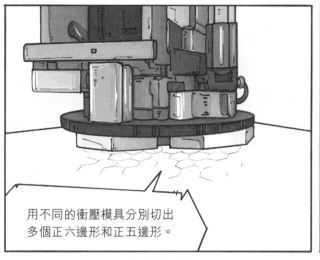

用不同的衝壓模具分別切出
多個正六邊形和正五邊形。

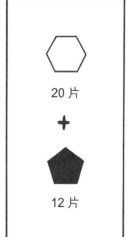

20 片

12 片

無痕收口

我們用特殊的方
法將足球的收口
縫合線隱藏。

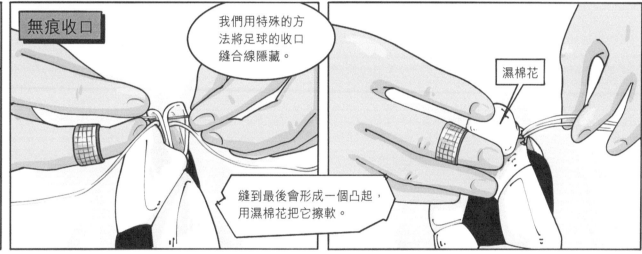

濕棉花

縫到最後會形成一個凸起，
用濕棉花把它擦軟。

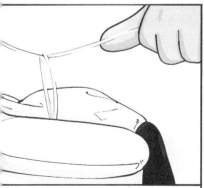

打上結後裁斷線頭，凸起的
就被留在了足球內部。

熱定型

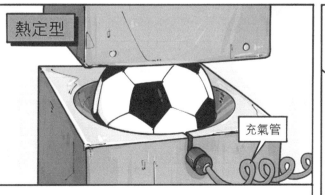

充氣管

足球需要在標準球形模具中邊充氣邊熱壓。

這樣足球才能被
做得滾圓。

啊！擦傷了。

我有藥水膠布！

常見藥水膠布

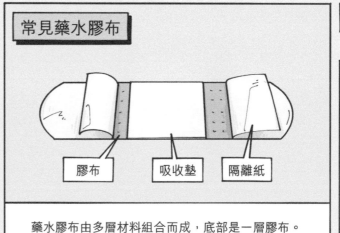

膠布　　　吸收墊　　　隔離紙

藥水膠布由多層材料組合而成，底部是一層膠布。

多層組合

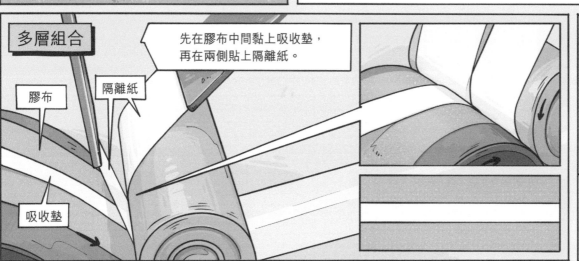

先在膠布中間黏上吸收墊，
再在兩側貼上隔離紙。

膠布

隔離紙

吸收墊

防水藥水膠布

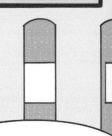

有的藥水膠布為了使
傷口隔水，需要提前把
吸收墊裁成更小的塊，
再貼到膠布上。

裁成單個

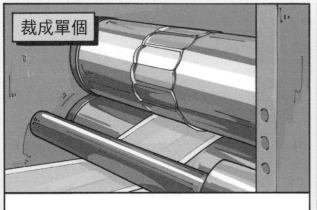

用滾刀模具裁切出單獨的藥水膠布。

批量包裝

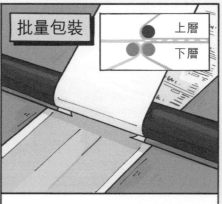

上層

下層

回收膠布的邊角後，由上下兩張
包裝紙夾住藥水膠布密封。

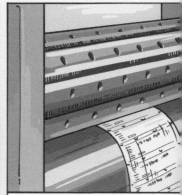

還需要在包裝紙上打孔，便
使用時撕成單獨小包裝。

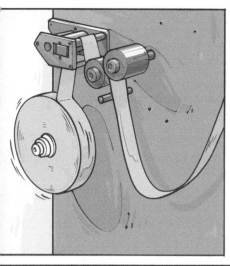

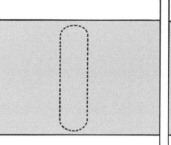

膠布的寬度約為藥水膠布的長度。

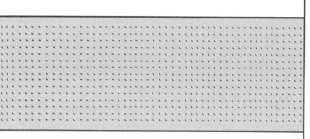

在展開的膠布上打出透氣孔。

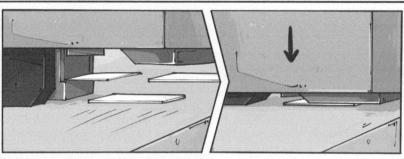

當連續的吸收墊被刀具壓到膠布上黏住，立刻被切成單獨的小塊。

之後再貼上兩側的隔離紙。

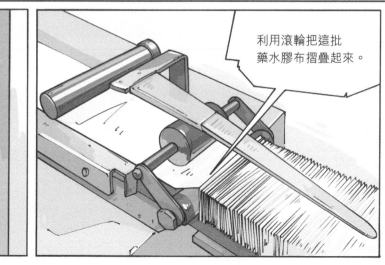

利用滾輪把這批藥水膠布摺疊起來。

怎麼還沒殺菌就包裝好了？

包裝好了也可以殺菌呀！

藥水膠布就是用環氧乙烷蒸汽穿透包裝紙來殺菌的。

爺爺，新羽毛球的羽毛為甚麼這麼整齊啊？

因為都要切邊修剪呀！

羽毛會選自鴨或鵝同一側的翅膀，都彎向同一側才能讓球飛得更好。

裁切成型

篩選後的羽毛經過清洗、漂白和消毒，裁切成統一的形狀。

排列分類

球頭插羽毛

球頭先被旋轉着打上16個孔洞。

再被旋轉着插入羽毛，最後人工調整羽毛角度。

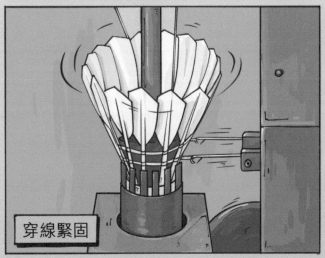

穿線緊固

經過膠水和繩線的雙重固定，羽毛球需要再經過一次風洞測試以確保質量。

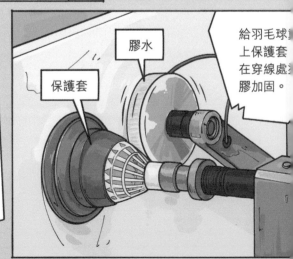

膠水

保護套

給羽毛球裝上保護套在穿線處塗膠加固。

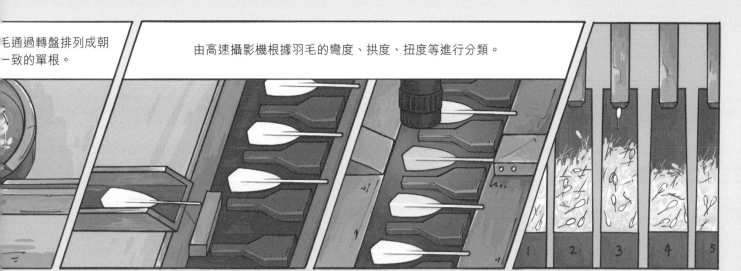

毛通過轉盤排列成朝一致的單根。

由高速攝影機根據羽毛的彎度、拱度、扭度等進行分類。

風洞測試

洞機吹出流，測試毛球能否穩飛行。

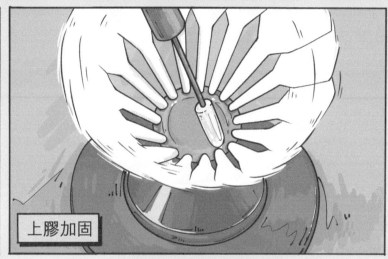

上膠加固

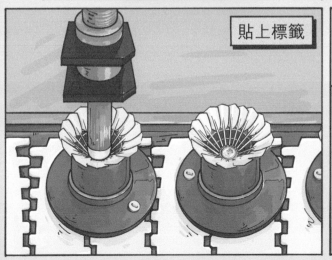

貼上標籤

咦？這裏怎麼有條綠線？

■ 慢速
■ 中速
■ 快速

不同顏色的線表示適合不同球速的羽毛球。

爺爺，我不小心把扭計骰擰散架了⋯⋯

我們看看怎麼做的，再給拼回來？

擰轉中心

扭計骰最重要的部份是用來擰轉的中心。

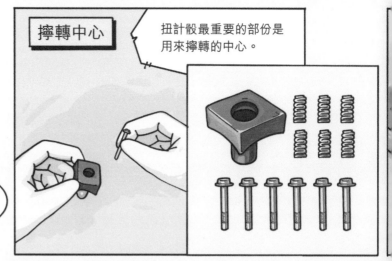

嵌入魔方塊

以中心塊為核心，依次嵌上其他的扭計骰塊。

貼上彩紙

一次貼滿一個面。

擰轉測試

在扭計骰的間隙中，滴入潤滑油。

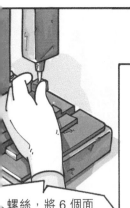

螺絲，將 6 個面
中心塊分別固定在
軸上。

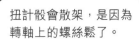

扭計骰會散架，是因為
轉軸上的螺絲鬆了。

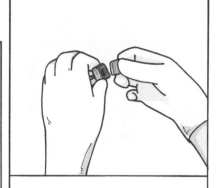

扣上蓋子，就完成這個部份了。

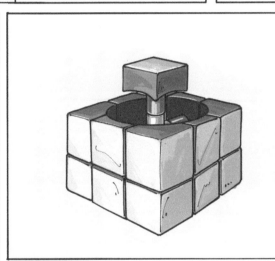

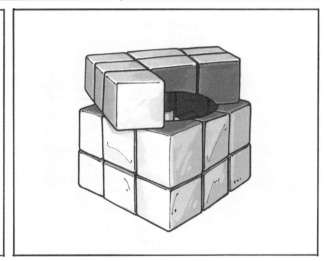

人工測試合
格後，才能
出廠。

可我還是不
會還原……

33

袋裝薯片和筒裝薯片，吃起來不一樣呀！

因為它們是兩種不同的製作方法。

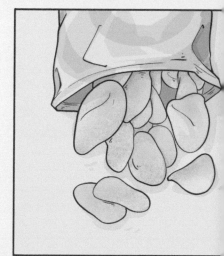

切削成片

相當於機器替代了人手，擦出馬鈴薯片。

由於巨大的慣性，馬鈴薯會緊貼離心式切片機的內壁，然後被筒壁上的刀片切成薄片。

洗去澱粉

流水漂洗

在 180℃的油中炸 3 分鐘，香脆薯片就出爐了。

油炸薯片

經過人工和機器的雙重檢測，
挑選出合格的圓馬鈴薯。

裝薯片由馬
薯直接切成，
以每片形狀
一致。

磨去外皮

清洗後的馬鈴薯在
粗糙的滾筒內翻滾，
就被磨去了外皮。

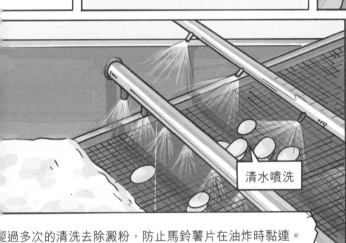

清水噴洗

經過多次的清洗去除澱粉，防止馬鈴薯片在油炸時黏連。

吹風瀝乾

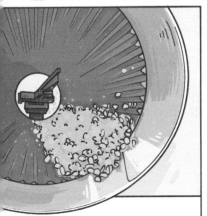

片在滾筒拌料機中被均勻地調味。

充氮包裝

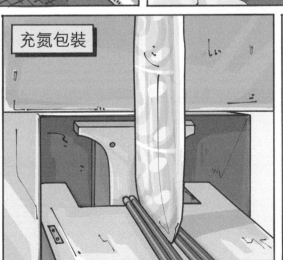

充氣是薯片太脆，
怕擠碎了吧？

不止呢，充氮氣
還能保鮮防變質。

筒裝薯片是馬鈴薯粉壓出來的，直接做出一樣的形狀。

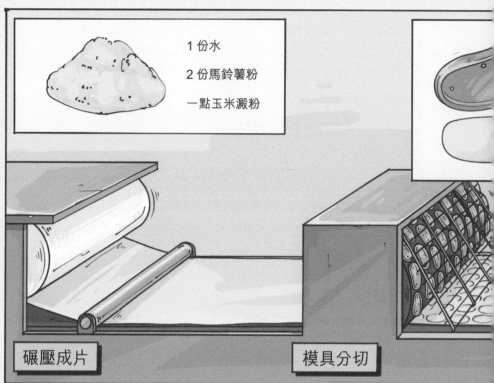

1 份水

2 份馬鈴薯粉

一點玉米澱粉

碾壓成片

模具分切

吹風瀝油

薯片被鏈條壓住後吹風，瀝去多餘油脂。

撒調味粉

翻轉碼放

餘料回收

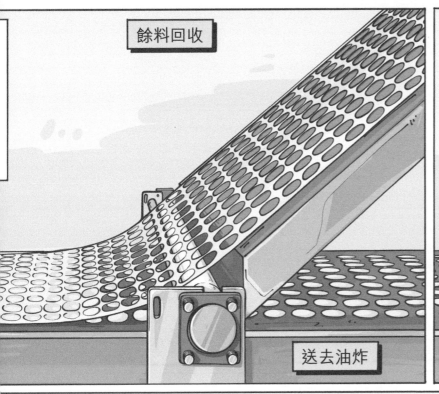

送去油炸

當油炸時，薯片會始終貼合着成型模具，被定型成規整的拱形。

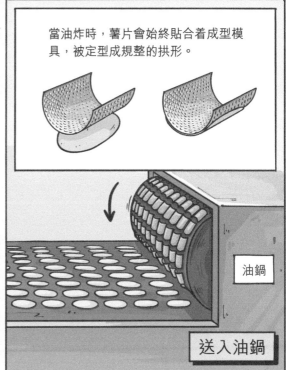

油鍋

送入油鍋

薯片裝筒

薯片被吹氣翻轉後，碼放整齊。

紙筒被敲打着裝薯片，再密封後，筒裝薯片就完成啦！

震動着裝薯片，是怕有薯片卡住了會「堵車」。

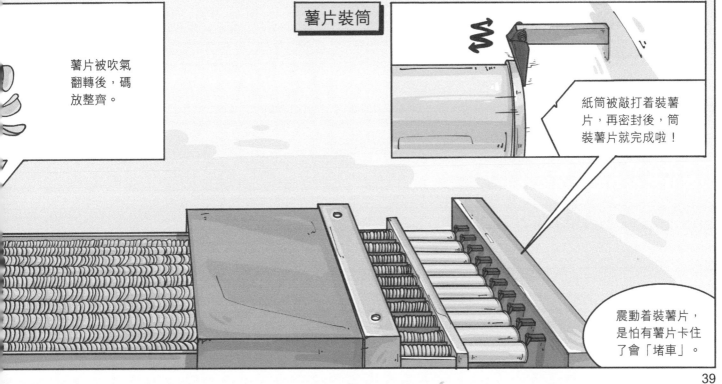

39

其實是長胡蘿蔔被切成了很多短的……

水果胡蘿蔔！這是本來就長這麼小的嗎？

胡蘿蔔品種

採用細長的北美「帝王」系胡蘿蔔，有的可長達 50 厘米。

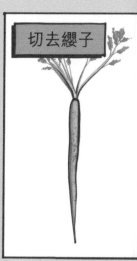

切去纓子

篩選

過粗的胡蘿蔔，可沒辦法掉到輥軸下，會被篩選掉。

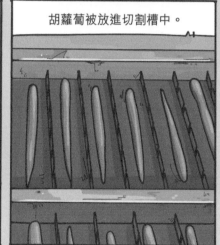

胡蘿蔔被放進切割槽中。

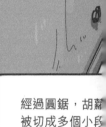

切段

經過圓鋸，胡蘿蔔被切成多個小段

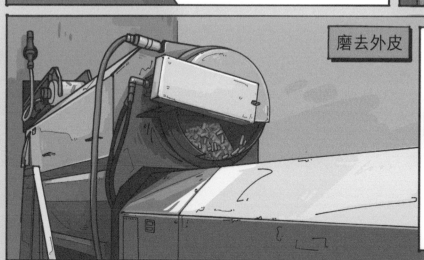

磨去外皮

原來皮不削掉的啊

先後經過不同粗糙度的滾筒進行磨皮。

滾筒清洗

轉動滾筒並噴水，摩擦洗淨表皮後，去除殘留的根鬚和纓子。

粗細分級

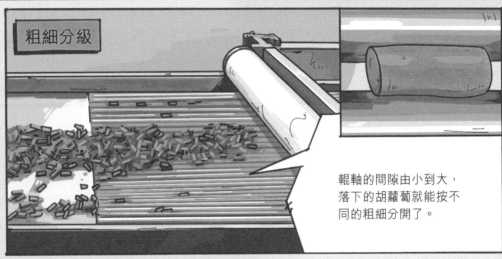

輥軸的間隙由小到大，落下的胡蘿蔔就能按不同的粗細分開了。

加工完成！

人工揀選

質檢剔除不合格品，再送去包裝。

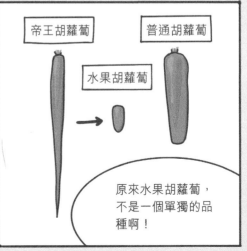

原來水果胡蘿蔔，不是一個單獨的品種啊！

永和九年……

他講過兩種方法！

你爺爺説過碑文上的字是怎麼刻的嗎？

錘鑿刻字

一種是很考驗技巧的手藝。

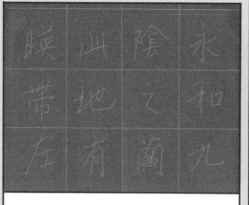

先用鉛筆在石碑上打好格子並擬好底稿。

再用毛筆蘸丹砂描一遍字，等字跡乾燥後開始雕刻。

噴砂刻字

另一種主要是靠機器處理。

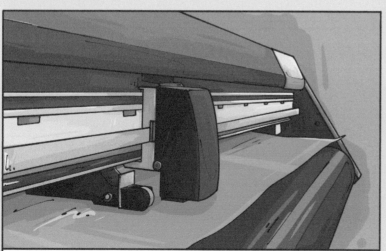

電腦預先排版好文字，由裁切機在塑膠貼紙上切出字的輪廓。

將整面貼紙黏到石碑上，摳出切好的字形。

小字用刻刀

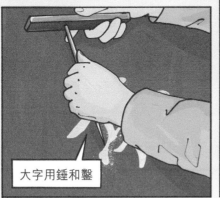

大字用錘和鑿

現在還會用電動磨機提高刻字的效率。

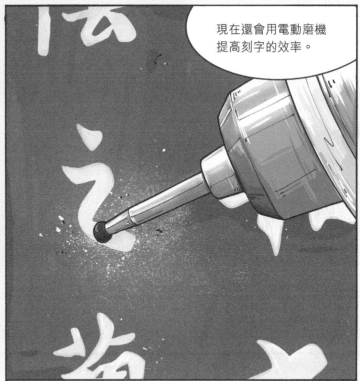

碑被送進密閉的噴砂室中,用高速噴出的砂流刻字。

沒有貼紙保護的碑面,會被噴砂衝擊侵蝕,切削出文字。

噴砂前 惠風和暢

噴砂後 惠風和暢

連石頭都能噴掉,為甚麼貼紙噴不掉啊?

塑膠貼紙是柔性材料,受軟不受硬。噴砂遇到它反而沒辦法啦!

陰刻勾字

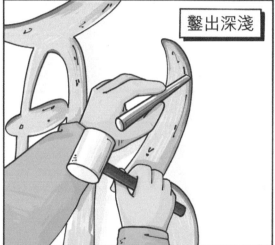

鑿出深淺

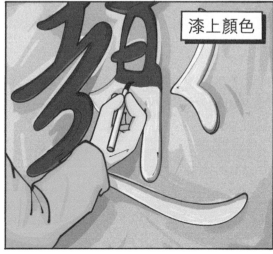

漆上顏色

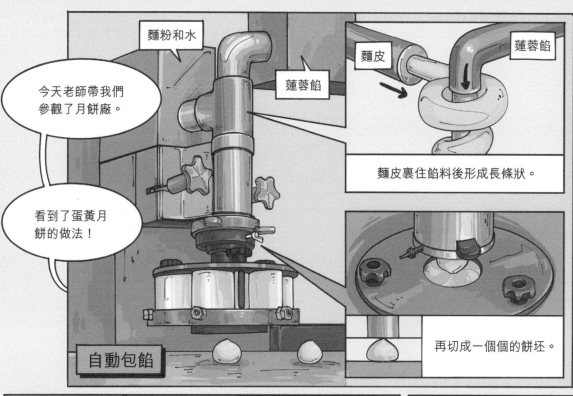

今天老師帶我們參觀了月餅廠。

看到了蛋黃月餅的做法！

麵粉和水

蓮蓉餡

自動包餡

麵皮

蓮蓉餡

麵皮裹住餡料後形成長條狀。

再切成一個個的餅坯。

切開餅坯

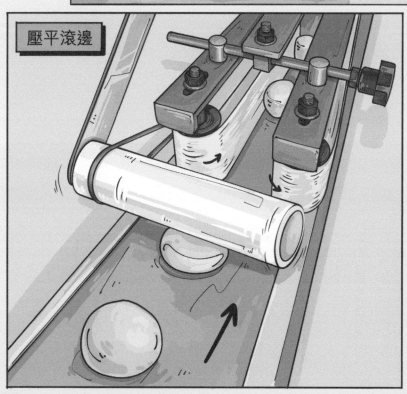

壓平滾邊

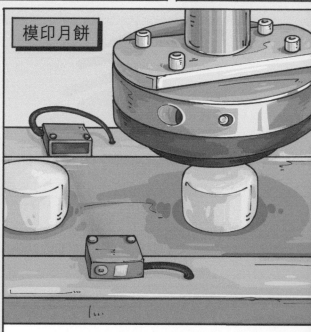

模印月餅

當感應到餅坯通過時，模具會精準下落，壓出造型。

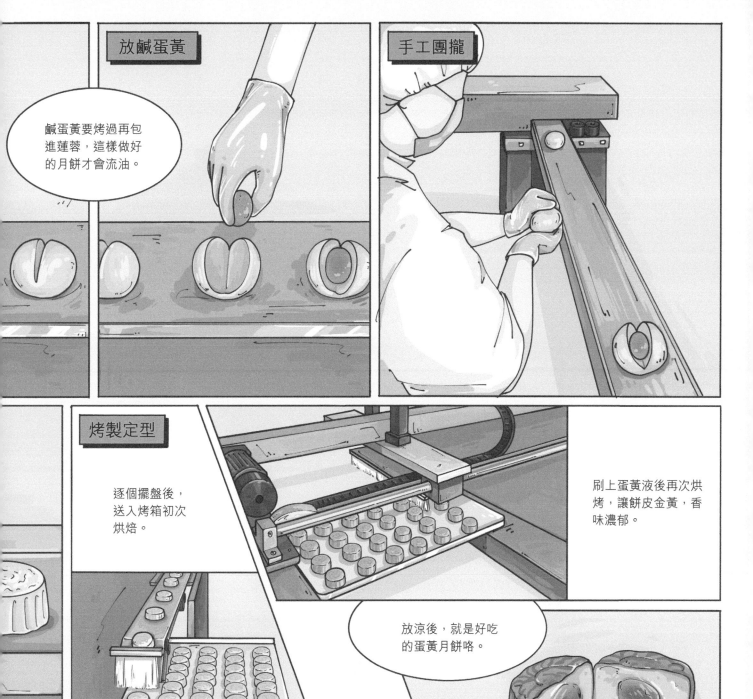

放鹹蛋黃

鹹蛋黃要烤過再包進蓮蓉,這樣做好的月餅才會流油。

手工團攏

烤製定型

逐個擺盤後,送入烤箱初次烘焙。

刷上蛋黃液後再次烘烤,讓餅皮金黃,香味濃郁。

放涼後,就是好吃的蛋黃月餅咯。

咦？爺爺，這兩頁怎麼連在了一起？書不是一頁頁印出來的？

聰明！書是先把很多頁的內容一起印在一張大紙上，再摺疊成小書帖，最後裁分開的。

比如一張大紙上印了正反共八頁。

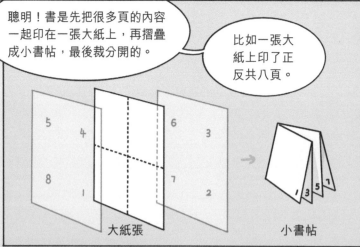

大紙張

小書帖

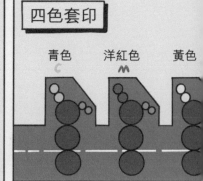

青色 C　　洋紅色 M　　黃色

常見的彩色印刷用 CMYK 這四種油墨，印出很多不同的顏色

摺頁

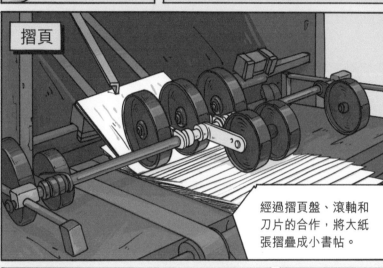

經過摺頁盤、滾軸和刀片的合作，將大紙張摺疊成小書帖。

1~8 頁　　　9~16 頁

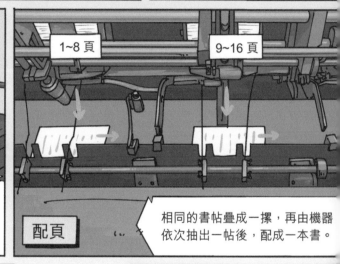

配頁

相同的書帖疊成一摞，再由機器依次抽出一帖後，配成一本書。

裁邊

書脊

除書脊外的其他三邊各切一刀，就讓小書帖上的連頁分開了。一本書就製作完成了。

這本書用到了線！

有的書太厚，就會鎖線來裝訂。這是另外一種裝訂方式。

鎖線裝訂

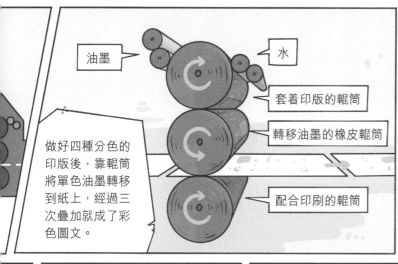

油墨

水

套着印版的輥筒

轉移油墨的橡皮輥筒

配合印刷的輥筒

做好四種分色的印版後，靠輥筒將單色油墨轉移到紙上，經過三次疊加就成了彩色圖文。

齊紙裁切

碼放好紙張後再切邊做整齊。

塗膠裝訂

夾緊書芯後在書脊上塗膠，讓不同書帖合為一體。

黏上封面後，就像是一本完整的書了。

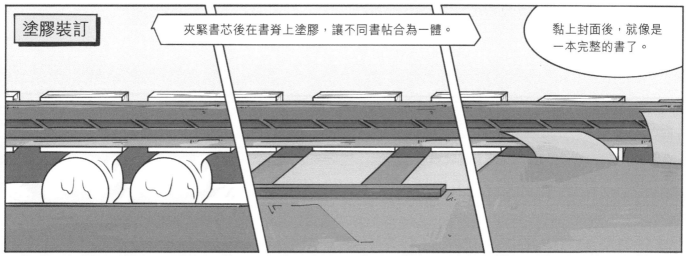

戳出用於穿線的針孔。

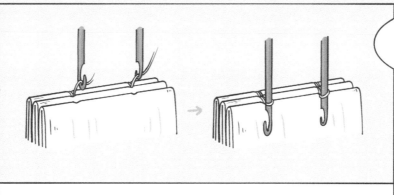

將多個書帖聯合鎖線。

之後依然有刷膠、做出書脊後包上封面裁邊等操作。

做一本書原來這麼複雜啊！

哈哈，這也是有趣的製造。

創作者說

在文明與科技越發進步的現代，我們每天享受着日常的便利，但卻很少會去注意，這些生活中觸手可及的物品其實每一件都歷經迭代，蘊含着人類思考和實踐的智慧。

比如你正在閱讀的這段話的載體，可能是紙質圖書中的一頁，也可能是電腦的液晶顯示器，還可能是智能手機的屏幕，那圖書是怎麼印製出來的？顯示器和手機屏幕又是從何而來？你端起了手邊的茶杯，這又是怎麼從黏土變成的瓷器？你推了推眼鏡架，不禁思考起鏡片為何如此剔透⋯⋯

我們正逐漸失去對真實世界最直接的感知，「知其然，不知其所以然」的境況在蔓延，並悄悄吞噬着人類的好奇。假如對日常生活不假思索地抱有理所當然的態度，便會迷失在種種唾手可得的「結果」裏。怎樣才能激活我們對現代生活另一層的豐富感知、重建對世界的熱忱與好奇呢？

那就要重新發現「過程」的意義，這正是這套書希望做到的。

這套書的創作過程，最初源於兩個問題：我們想讓自己的孩子怎樣認識世界？應該陪孩子共讀一本怎樣的書？後來我們形成了一個共識：不僅是孩子，成年人對生活的好奇，也不會因為年歲漸長而消失，而是累積成記憶深處的「童年迷思」。過去五年，我們在「有趣的製造」公眾號上收集着大朋友和小朋友散落的好奇心。正是基於這些積累，這套書會揭秘生活中常見物品的製作過程，展現令人意外和驚喜的生產過程。

我們希望提供一個關注過程的獨特視角：挖掘常見事物中不常見的那一面，激起對日常的疑問，延續對生活的好奇。重要的是，讓大家在解除困惑的同時，收穫「原來如此」和「竟然這樣」的驚喜與快樂，獲得一種基於邏輯的趣味，進而培養一種獨特的研究能力——通過知悉製造去學習如何創造。

我們用漫畫的形式去表達物品的製造流程，是為了讓硬邦邦的內容足夠有趣。漫畫是互動的藝術，它可以讓我們去自行聯想下一場景的動作；它也適合在靜態畫面中表現動態場景，正適合流水線上的生產；它也能通過連續的畫格展現出某個動態的發生過程和場景的轉變。在內容的安排上，我們盡量在每一對開頁展示一個物品的生產過程，且顏色也與該物品本身相關聯，使閱讀更加場景化。同時，每一篇盡量配搭不同色調，也能明確劃分不同物品的生產流程，使每一次的翻頁都帶來新鮮感。

這套書是我們思考「世界要往何處去」的一次實踐，獻給所有對世界充滿好奇的人。它表面上展現不同物品的製作過程，實際上帶你發現日常生活的一個隱秘層面，幫你建立起和世界的聯繫，這才是我們認為的「有趣」。期待你在閱讀中感到愉悅和興奮，不知不覺間收獲新知和啟發。

金妙　滕意　月婷

2022 年 11 月

特別感謝參與上色工作的插畫師
趙安玲、吳雨霏
願意和我們一起推進這本書的面世

物從何處來？
有圖有真相！

★完全滿足大人與小孩好奇心的造物小百科！

★讓你一圖讀懂萬物製造的祕密！

《有趣的製造》一套三冊，每本選取來自日常生活、校園、旅途中常見的百餘個物件，用五十多張跨頁大圖和簡單易懂的文字，展示每個物品最關鍵的生產步驟，拆解太陽眼鏡、雪條、足球、鉛筆等用品的製造過程。

　　每種物品都融合了各種學科的應用知識，將複雜的工業生產過程精簡成一組組清晰生動的可愛圖畫，是結合科學與藝術之作。

那些讓孩子感到好奇、大人無法解答的問題，都能在這本書裏找到答案！

著者

我怎樣展現常被忽略的「過程」的意義呢？就是這本書誕生之初的靈感：一場有關來龍去脈的設計，一種以趣味啟動的生活隱藏圖景。

張金妙

機械設計學士，倫敦大學金匠學院（University of London, Goldsmiths）實踐設計碩士。正在探索跨媒介創新的可能性（教育、遊戲、圖像小說等）。

不過我發現，追尋物品製作背後的真相就像調查的過程，大大滿足了我的探究之心。希望這本書也能滿足大家的好奇心。

滕　意

本科學自動化，碩士學電子。小時候想當偵探，長大也努力過了法考，卻還在繼續當上班族。

繪者

想用畫筆向所有人展示工業的趣味，便有了這次藝術與製造結合的美學實踐。以為「製造」才是重點，其實「有趣」才是，都在畫裏了。

何月婷

畢業於中國美術學院工業系。看天氣拍照的攝影愛好者，看心情畫畫的插畫家，靠手藝吃飯的設計師。

書　　名　有趣的製造：校園真奇妙
作　　者　張金妙　滕　意
插　　圖　何月婷
責任編輯　王穎嫻
美術編輯　蔡學彰
出　　版　小天地出版社（天地圖書附屬公司）
　　　　　香港黃竹坑道46號新興工業大廈11樓（總寫字樓）
　　　　　電話：2528 3671　　　　傳真：2865 2609
　　　　　香港灣仔莊士敦道30號地庫（門市部）
　　　　　電話：2865 0708　　　　傳真：2861 1541
印　　刷　點創意（香港）有限公司
　　　　　新界葵涌葵榮路40-44號任合興工業大廈3樓B室
　　　　　電話：2614 5617　傳真：2614 5627
發　　行　聯合新零售（香港）有限公司
　　　　　香港新界荃灣德士古道220-248號荃灣工業中心16樓
　　　　　電話：2150 2100　　　　傳真：2407 3062
出版日期　2024年6月初版・香港